8°S
2712

AVICULTURE

PERRUCHES

D'AUSTRALIE & D'AMÉRIQUE

41 Variétés

INSTALLATION, ACCLIMATATION, REPRODUCTION

ET

PERROQUETS — ARAS — CACATOIS

Espèces les meilleures et les plus répandues

PAR

ALFRED ROUSSE

Prix : 2 fr. 50

CHEZ L'AUTEUR, A FONTENAY-LE-COMTE (VENDÉE)

(Droits de traduction et de reproduction réservés)

Dépôt légal
Vendée
N° 3
1882

FONTENAY-LE-COMTE

IMPRIMERIE CHARLES CAURIT

1882

PERRUCHES

PERROQUETS, ARAS, CACATOIS

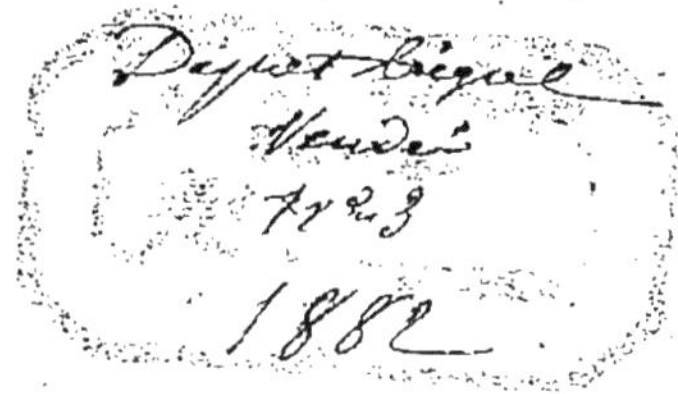

8° S
2712

AVICULTURE

—

PERRUCHES

D'AUSTRALIE & D'AMÉRIQUE

41 Variétés

INSTALLATION, ACCLIMATATION, REPRODUCTION

ET

PERROQUETS — ARAS — CACATOIS

Espèces les meilleures et les plus répandues

PAR

ALFRED ROUSSE

BIBLIOTHÈQUE NATIONALE R.F. IMPRIMÉS

Prix : 2 fr. 50

CHEZ L'AUTEUR, A FONTENAY-LE-COMTE (VENDÉE)

—

(Droits de traduction et de reproduction réservés)

FONTENAY-LE-COMTE

IMPRIMERIE CHARLES CAURIT

1882

Depuis plusieurs années, je me suis adonné avec passion à l'élevage des perruches, et spécialement de celles venant d'Australie et d'Amérique, les plus belles et les plus intéressantes.

Plusieurs variétés m'ont donné des produits qui ont prospéré.

J'ai pensé qu'il serait agréable aux personnes qui s'intéressent à l'élevage de ces jolis oiseaux, de connaître les moyens par lesquels je suis parvenu à les conserver en bonne santé et à les faire reproduire.

Je n'ai pas la prétention de les donner comme infaillibles, mais je m'en suis bien trouvé ; c'est pourquoi je suis heureux de les présenter à mes confrères en aviculture.

ALFRED ROUSSE.

Fontenay-le-Comte, le 7 décembre 1881.

I

DES VOLIÈRES

INSTALLATION

La volière étant l'unique habitation réservée désormais aux oiseaux, on doit, avant tout, s'appliquer à en rendre le séjour le plus agréable possible, en la construisant très vaste, en y mettant du gazon, du sable fin, de petits rochers, et en y plantant des arbres verts, troënes, etc.

Si l'on pouvait disposer d'eau courante, il serait très facile d'y établir une petite rivière artificielle, dont l'eau se renouvelant sans cesse serait toujours propre et limpide, et n'exigerait aucun soin d'entretien.

Le logement et la nourriture sont les deux conditions les plus essentielles pour conserver les oiseaux en bonne santé et les amener à reproduire.

Enfin, c'est à l'éleveur d'user le mieux qu'il pourra des moyens qui sont à sa disposition.

S'il veut voir ses efforts récompensés, il devra, avant de rechercher le luxe et l'élégance, s'appliquer à rendre ses constructions pratiques, et les disposer de manière que ses oiseaux puissent y prendre facilement leurs ébats, y voler d'une manière soutenue, et n'aient pas à souffrir de la chaleur en été et du froid en hiver.

EXPOSITION

Il est une règle de laquelle on ne saurait se départir sans inconvénients, c'est que les volières doivent avoir leur façade principale exposée au levant.

Les oiseaux qui y sont enfermés peuvent ainsi jouir des premiers rayons du soleil, que tous recherchent avec avidité, et, l'été, l'ombre se produit dès le milieu de la journée.

Si l'on ne peut disposer de cette orientation, le midi conviendra le mieux.

Il faut bien se garder d'exposer des volières au nord ou à l'ouest, car c'est de ce côté que viennent les mauvais vents, qui, bien plus que le froid, sont nuisibles aux perruches.

CONSTRUCTION

Afin d'éviter l'humidité, le sol des volières sera surélevé de 35 à 40 centimètres.

Les fondations seront creusées jusqu'au solide, pour enlever tout accès aux rats ou autres bêtes malfaisantes ennemies jurées des perruches.

Les volières doivent être divisées en autant de compartiments que l'on veut y mettre de paires de perruches.

(Seules, les Ondulées font exception et reproduisent à l'envi en nombreuse société.)

Ceci est indispensable pour obtenir une bonne reproduction.

L'infraction à cette règle est la cause de non réussite que l'on voit encore assez souvent.

Je sais que certaines personnes ont obtenu des reproductions avec plusieurs paires mises ensemble dans la même volière, mais ceci est exceptionnel.

AGENCEMENT INTÉRIEUR

Division en compartiments

Chaque compartiment sera lui-même divisé en trois parties :

1° La partie grillagée ;

2° Le hangar ;

3° L'abri complet.

La partie grillagée, ouverte à tous les vents, sera gazonnée et plantée d'arbres verts. Une petite allée sablée en fera le tour. Un arbre mort, avec son écorce, et muni de toutes ses branches, sera solidement planté au milieu, pour servir de perchoir.

C'est dans la partie grillagée qu'il faudra faire passer l'eau courante, si l'on en a à sa disposition ; autrement, on y placera l'abreuvoir, disposé de manière à pouvoir être nettoyé facilement, car l'eau doit être toujours claire et limpide.

La maille de 15 à 20 millimètres, en fil de fer galvanisé n° 7, est convenable pour grosses et petites perruches.

Le hangar, ou demi-abri, clos par-dessus et en côtés, est entièrement ouvert par-devant.

L'abri complet, entièrement clos, est éclairé sur le devant par un vitrage, dans lequel sont ménagées deux petites ouvertures destinées à servir d'entrée et de sortie aux perruches.

Le sol du hangar et de l'abri complet doit être sablé.

Sous le hangar seront placées les mangeoires, dans un endroit inaccessible aux souris.

On y établira, ainsi que dans l'abri complet, de nombreux perchoirs, en réservant toutefois les meilleures places pour les nids.

(Deux sous le hangar, autant dans l'abri complet.)

On peut établir, ainsi disposées, une série de volières se communiquant. On pénétrera de l'une dans l'autre par une petite porte placée dans la cloison du hangar. Il sera nécessaire d'établir une porte dans la façade de chaque abri complet, tant pour le nettoyage que pour les visites aux nids.

Quant aux dimensions, voici, selon moi, les plus convenables. Je les donne toutefois comme minimum, car les perruches, même les plus petites, n'auront jamais trop d'espace.

Pour les plus grosses espèces (Aprosmictus) :

3 mètres de largeur sur 5 de profondeur, ainsi répartis :

Partie grillagée, 2 mètres ;
Hangar, $1^{m}50$;
Abri complet, $1^{m}50$.

Pour les espèces un peu moins grosses (Platycerques et Conurus) :

3 mètres de largeur sur 4 de profondeur :

Partie grillagée, 2 mètres ;
Hangar, 1 mètre ;
Abri complet, 1 mètre.

Pour les Psephotus et les Euphêmes :

2 mètres 50 centimètres de largeur sur 3 mètres 50 centimètres de profondeur :

Partie grillagée, $1^{m}50$;

Hangar, 1 mètre ;

Abri complet, 1 mètre.

Quant aux dimensions à donner à une volière destinée aux perruches ondulées, on devra partir de ce principe, qu'il faut au minimum un mètre cube par paire d'oiseaux.

Ce système de volières à trois compartiments a l'avantage d'offrir trois températures différentes.

Chez moi, peu de perruches rentrent la nuit dans l'abri complet. Le plus grand nombre reste sous le hangar, et quelques-unes même, sous la partie grillagée.

Cette vie continuelle au grand air contribue beaucoup à maintenir mes oiseaux en bonne santé. Soumis à ce régime, ils s'en trouvent bien mieux que renfermés dans des volières chauffées.

Il est vrai qu'en Vendée les hivers ne sont ni longs ni rigoureux.

Dans les contrées plus froides, il serait facile de prendre quelques précautions, en forçant, par exemple, les oiseaux à rentrer la nuit dans l'abri complet.

On y arriverait, en les y laissant enfermées pendant plusieurs jours, et principalement lors de leur mise en volière.

Les perruches australiennes et une grande partie des américaines sont très rustiques, et ne réclament de soins particuliers que la première année de leur importation. Passé ce temps, elles supportent nos hivers aussi bien que les oiseaux indigènes.

II

DES NIDS

Il existe deux sortes de nids à perruches : les bûches creuses et les boîtes.

On doit avoir les deux systèmes, qui sont également bons.

On pourra donc placer sous le hangar une bûche à droite et une boîte à gauche, et dans l'abri complet, une bûche à gauche et une boîte à droite; autant que possible dans les endroits les plus cachés et les plus obscurs. Ils seront toujours trouvés.

LA BUCHE CREUSE

La bûche creuse est un tronçon de branche de saule ou de peuplier, dont les dimensions varient suivant l'espèce d'oiseaux auxquels elle est destinée.

Ce tronçon de branche, ou mieux ce rondin,

est creusé par le haut, jusques à 6 ou 7 centimètres du fond, qui sera façonné en forme de coupe, pour éviter l'éparpillement des œufs, et garni d'une épaisse couche de sciure de bois.

Les perruches, qui pondent sur le bois même, sauront parfaitement rejeter le son qu'elles ne voudront pas.

On doit, en creusant ce nid, lui conserver 3 à 4 centimètres d'épaisseur.

L'entrée en sera percée assez haut, pour que les perruchons ne puissent sortir avant de voler, car ils se tueraient en tombant à terre.

La partie supérieure restée ouverte sera fermée par une planche facile à enlever, lorsqu'il en sera besoin.

Les bûches creuses, destinées aux grosses perruches, auront :

Hauteur intérieure, $0^{m}50$;
Diamètre intérieur, $0^{m}35$.

L'entrée, placée à 25 centimètres du fond, aura 10 centimètres de diamètre.

Celles pour Platycerques et Conurus :

Hauteur intérieure, $0^{m}40$;
Diamètre intérieur, $0^{m}28$.

L'entrée, placée à 20 centimètres du fond, aura 8 centimètres de diamètre.

Pour les Psephotus et autres perruches de taille analogue :

Hauteur intérieure, 0m30 ;
Diamètre intérieur, 0m25.

L'entrée, placée à 20 centimètres du fond, aura 6 centimètres de diamètre.

Pour Edwards et autres de même taille :

Hauteur intérieure, 0m22 ;
Diamètre intérieur, 0m16.

L'entrée, à 20 centimètres du fond, aura 5 centimètres de diamètre.

Pour Ondulées :

Hauteur intérieure, 0m22 ;
Diamètre intérieur, 0m12.

L'entrée, placée à 15 centimètres du fond, aura 4 centimètres de diamètre.

J'ai usé d'un autre modèle de bûche creuse, que mes perruches adoptaient aussi bien.

C'est un tronçon de saule ou de peuplier, de 60 centimètres de longueur sur 40 centimètres de diamètre, que je fais scier dans toute sa longueur en deux parties égales qui sont entièrement creusées, excepté aux deux extrémités. Elles sont ensuite réunies ensemble, de manière à former un long manchon fermé aux deux bouts, qui est posé horizontalement. Le fond est garni de sciure de bois, et l'entrée percée sur le devant à l'un des bouts.

Il est d'usage de mettre, dans la volière des Ondulées, un tronc de saule, dans lequel se trouvent une infinité de nids.

On fait scier par la moitié, de haut en bas, un tronc de saule ou de peuplier.

Derrière chacune de ces moitiés, on pratique plusieurs trous suffisamment grands et établis de manière à servir de nids.

Chacun de ces nids a son ouverture sur le devant de la bûche.

L'autre moitié peut être façonnée pareillement, jointe ensuite à la première, et le tout planté au milieu de la volière.

L'arbre n'a plus l'air d'avoir été scié et produit un très bon effet.

Les nids devront être percés de manière que la partie pleine d'une moitié vienne fermer celle de l'autre qui aura été creusée.

Il faut le dire, la perruche Ondulée n'est pas difficile dans le choix d'un nid. Quelquefois, un trou dans le mur lui suffit parfaitement. Mais c'est l'oiseau le plus capricieux que je connaisse.

J'ai vu dans mes volières cinq paires d'Ondulées, qui reproduisaient régulièrement,

BIBLIOTHÈQUE NATIONALE R.F. IMPRIMÉS

s'arrêter toutes la même année pour recommencer leurs couvées l'année suivante. Rien n'avait été dérangé dans leur volière.

Une paire a niché dans un vieux paillasson.

Quand je m'en suis aperçu, l'incubation était commencée depuis plusieurs jours. La couvée a bien eu le sort que je prévoyais : les œufs ont passé à travers le paillasson, tellement mes perruches avaient eu le soin de le déchiqueter avant d'y pondre. Peu de temps après, la même perruche pondait encore dans le paillasson. J'enlevai tous ses œufs, à mesure qu'ils furent pondus, pour les mettre dans un autre nid ; ce qui ne la découragea point, car elle y acheva sa ponte.

LES BOITES

Les boîtes doivent être faites de bois tendre et facile à déchiqueter, car les perruches ont l'habitude, avant d'y pondre, de les façonner à leur manière.

Certaines espèces, comme les Nouvelle-Zélande, en garnissent l'intérieur de petits éclats de bois aussi fins que possible.

Le dessus doit s'ouvrir avec des charnières.

Le fond, en sapin, aura au moins 5 centimètres d'épaisseur, ce qui permettra de creuser dans l'un des angles une petite excavation en forme de coupe, destinée à recevoir les œufs, et assez profonde pour que la femelle ne les en fasse pas sortir, quand elle se lève brusquement.

L'entrée sera percée sur le devant, juste au-dessous de la couverture.

Il est bon de fixer sur le devant de la boîte une petite planche, sur laquelle se reposent les perruches avant d'entrer ou en sortant.

Dimensions d'une boîte pour grosses perruches :

Hauteur, 0^m35.
Longueur, 0^m60.
Largeur, 0^m35.

La coupe destinée à recevoir les œufs aura :

Profondeur, 0^m03.
Diamètre, 0^m15.

Pour perruches de taille inférieure (Platycerques, Conurus) :

Hauteur, 0^m25.
Longueur, 0^m50.
Largeur, 0^m26.

La coupe destinée à recevoir les œufs aura :

Profondeur, 0^m03.
Diamètre, 0^m12.

Pour Psephotus et Calopsittes :

Hauteur, $0^{m}25$.
Longueur, $0^{m}40$.
Largeur, $0^{m}25$.

La coupe :

Profondeur, $0^{m}03$.
Diamètre, $0^{m}10$.

Pour Edwards ou autres de taille analogue :

Hauteur, $0^{m}17$.
Longueur, $0^{m}25$.
Largeur, $0^{m}20$.

La coupe :

Profondeur, $0^{m}02$.
Diamètre, $0^{m}10$.

Pour Ondulées :

Hauteur, $0^{m}15$.
Longueur, $0^{m}24$.
Largeur, $0^{m}15$.

La coupe :

Profondeur, $0^{m}02$.
Diamètre, $0^{m}07$.

Je n'ai jamais trouvé, dans le commerce, de nids de dimensions convenables ; mais rien n'est plus facile que de les faire confectionner par un sabotier et par un menuisier.

Epoque à laquelle doivent être placés les nids.

Les nids doivent être placés vers la fin de février, afin que les perruches aient le temps de s'y accoutumer et de faire leur choix avant la saison des accouplements.

On les retire au mois d'octobre, car les couvées de l'hiver ne valent généralement rien, et les reproducteurs s'y épuisent inutilement.

J'ai remarqué que beaucoup d'Ondulées, nées en hiver, sortaient du nid presque entièrement sans plumes, n'ayant que celles des ailes et de la queue : elles ne sont ensuite complètement emplumées qu'au printemps.

III

ACCOUPLEMENTS — PONTE — INCUBATION

C'est à la fin de mars ou dans les premiers jours d'avril que commencent les travaux de reproduction. Souvent les accouplements sont précédés de petites batailles.

On voit, tout d'abord, le mâle nourrir sa femelle, en lui dégorgeant les aliments, à la manière des pigeons. Puis, arrivent les accouplements qui se répètent plusieurs fois par jour, pendant plusieurs jours, et généralement aux mêmes heures.

Enfin, les reproducteurs font le choix d'un nid.

C'est alors que l'éleveur devra surveiller ses oiseaux, et surtout faire en sorte que rien ne soit dérangé dans la volière.

Le plus léger changement pourrait tout arrêter, et tout espoir serait perdu pour l'année présente.

Il devra également entrer le moins possible dans les volières.

Quand un nid a été choisi, le mâle et la femelle le fréquentent pendant plusieurs jours, en façonnant l'intérieur à leur manière, et en agrandissant l'entrée avec leur bec, peut-être pour la rendre plus commode.

Enfin, le premier œuf est pondu, un autre le surlendemain, et ainsi de suite jusqu'au dernier.

L'incubation commence avant la ponte des derniers œufs; c'est pourquoi il peut y avoir un certain intervalle entre les sorties des jeunes, surtout si tous les œufs ne sont pas fécondés.

L'incubation dure vingt et un jours, et les jeunes gardent le nid de trente à quarante jours, suivant les espèces.

Ils sortent tout emplumés, ne différant des adultes que par la taille qui est moindre, et la teinte du plumage qui est toujours plus sombre.

ÉDUCATION DES JEUNES

Les Ondulées naissent toutes nues, sans aucun duvet.

Les autres perruchons sont tous, à la sortie de l'œuf, recouverts d'un duvet grisâtre ou blanc pour les uns, et jaune pour les autres.

Au bout de quinze jours, apparaissent les

grandes plumes des ailes et de la queue, et à vingt-cinq jours, ils sont entièrement emplumés.

Dans les espèces où la femelle n'a pas le même plumage que le mâle, les jeunes, à la sortie du nid, ont la livrée de la mère; mais il y a cependant des exceptions, notamment pour la perruche à croupion rouge, dont le jeune mâle a déjà ses couleurs.

Pour un œil exercé, il est assez facile de distinguer les sexes.

Chez les jeunes Platycerques mâles, la tête est plus forte et plus ronde, le bec est plus gros, et les côtés de la mandibule supérieure plus échancrés; chez la jeune femelle, ils sont presque unis.

Cette différence sert aussi à distinguer les sexes chez les adultes.

Les jeunes mâles de la perruche à scapulaires ont l'extrémité des rectrices noires marquée en dessous d'une petite tache rose pâle.

Les Conurus mâles ont déjà le bec plus allongé en dessus; les femelles l'ont plus convexe.

Les jeunes Calopsittes mâles ont la tête plus ronde, la huppe plus prononcée, et la tache rouge de la joue plus accentuée.

Chez les jeunes Nouvelle-Zélande mâles, la

tache blanche du dessus du bec est beaucoup plus étendue que chez la femelle ; le bec est aussi plus fort.

Les jeunes femelles Ondulées ont la membrane du dessus du bec d'un rose qui les fait reconnaître.

Après la sortie du nid, les parents nourrissent leurs petits pendant une vingtaine de jours, époque à laquelle ils sont aptes à se suffire à eux-mêmes. Ils peuvent alors être mis à part dans une autre volière.

Sauf quelques exceptions, les jeunes se reproduisent dès l'année suivante.

Quand une couvée est achevée, il est bon de surveiller les parents qui souvent déplument et battent leurs petits, quand ils veulent recommencer un nouvel élevage. Alors il ne faut pas tarder à les séparer.

Presque toutes les perruches d'Australie, qui ont une fois reproduit, continuent régulièrement tous les ans, pourvu qu'il ne soit rien dérangé à leur installation.

OBSERVATIONS SUR LES COUVÉES.

La femelle perruche couve seule.

Cependant le mâle Calopsitte vient tous les jours, à la même heure, relayer sa compagne.

Chez les perruches Souris, Nanday et Swainson, le mâle, pendant l'incubation, reste constamment dans le nid à côté de sa femelle, et ne sort que pour prendre ses repas.

Beaucoup de variétés de perruches font par an plusieurs couvées, qui se composent chacune en moyenne de trois à cinq œufs.

Les Pennants et les Omnicolores ne reproduisent qu'une fois par an.

CHOIX DES REPRODUCTEURS.

Selon moi, il faut éviter d'accoupler ensemble des oiseaux consanguins, les résultats au point de vue de la reproduction laissant, en ce cas, le plus souvent à désirer.

Beaucoup d'œufs ne sont pas fécondés, et les jeunes que l'on obtient sont souvent rachitiques.

Je sais que je trouverai des contradicteurs, mais je ne donne pas mes idées à ce sujet comme absolues ; je parle d'après les observations que j'ai faites chez moi et chez d'autres éleveurs.

Les oiseaux nés en captivité sont-ils plus ou moins prolifiques que les importés ?

Je crois que ceux nés en captivité reproduiront plus sûrement, mais j'ai la certitude que les importés donneront plus d'œufs par couvée, qu'il y aura moins d'œufs clairs, et que les jeunes qui en naîtront seront plus robustes.

Il faut apporter beaucoup de soins dans le choix des reproducteurs, prendre de préférence les oiseaux les plus forts, les mieux constitués, et ceux dont le plumage sera le plus propre et le plus brillant. Les plumes ternes et malpropres sont souvent l'indice d'une mauvaise santé.

Dans les couvées de perruches, se trouvent toujours des sujets plus méritants les uns que les autres.

Je conseillerai d'accoupler autant que possible un mâle importé, avec une femelle née en volière.

Quelquefois les reproducteurs ne se conviennent pas; on devra alors ne pas hésiter à changer l'un d'eux. Il m'a fallu renouveler plusieurs fois mes Pennants avant d'obtenir ma première reproduction. Mais il ne faut pas être trop prompt à se décourager, et on attendra deux ou trois ans avant de changer des perruches qui n'auraient encore pas reproduit; car quelquefois le moindre changement dans l'agencement des volières décide des oiseaux dont on commençait à désespérer.

J'ai possédé, il y a plusieurs années, une paire

de Calopsittes sur lesquelles je ne comptais plus ; elles étaient chez moi depuis deux ans, et je n'avais pas encore aperçu la moindre tentative d'accouplement. J'enlevai ces perruches de la volière qu'elles occupaient, pour les mettre dans une autre en tous points semblable à celle qu'elles quittaient ; huit jours après, elles s'accouplaient ; à partir de ce moment, elles ont reproduit régulièrement plusieurs fois tous les ans.

Certaines femelles ont la mauvaise idée de pondre partout où elles se trouvent, et principalement du haut des perchoirs. Je crois qu'alors les nids qu'elles ont à leur disposition ne leur conviennent pas ; il est donc bon de changer ces nids de place, et même de les remplacer s'il en est besoin.

J'ai quelquefois enlevé les œufs à des femelles qui ne voulaient pas couver, pour les confier à d'autres, mais je n'ai jamais réussi.

Après l'éclosion, les perruches s'apercevaient parfaitement du stratagème, et laissaient périr de faim les petits qui n'étaient pas de leur famille.

J'ai vu réussir des couvées de Palliceps et d'Omnicolores, qui se sont faites à découvert, sur une planche, derrière une bûche creuse.

Les œufs avaient été déposés dans une petite excavation qu'avaient préparée les perruches, et qu'elles avaient garnie de brindilles et d'écorce de bois.

Je n'ai jamais essayé de croisements entre perruches d'espèces différentes, mais j'en connais un exemple : une femelle Pennant, accouplée avec un mâle Omnicolore, a donné des produits qui ont réussi.

SOINS A PRENDRE APRÈS L'ÉCLOSION.

Lorsque les jeunes sont nés, l'éleveur devra de temps en temps regarder aux nids. Il peut arriver qu'un perruchon meure ; comme rarement il est rejeté par les parents, il entre en décomposition, et la mauvaise odeur qu'il répand, si on n'a pas le soin de l'enlever aussitôt, peut incommoder et même faire périr les survivants.

La couvée terminée, il faut faire subir au nid qui vient de servir un nettoyage minutieux, puis, aussitôt après, le remettre en place garni de sciure de bois nouvelle.

Dans les volières, la plus grande propreté partout, une propreté même exagérée est de rigueur. De là dépend en partie la bonne santé des oiseaux, qu'il est bien plus facile de conserver bien portants, que de guérir quand ils sont malades.

IV

INSTALLATION DES PERRUCHES EN VOLIÈRE.

C'est vers la fin de l'été (septembre et octobre) que l'éleveur devra faire ses acquisitions et installer ses perruches en volière.

Il sera certain d'acheter des jeunes, car les oiseaux nés dans l'année même n'auront pas encore la livrée des adultes ; puis, ils auront assez de temps pour s'habituer à leur nouvelle habitation, et pourront reproduire dès le printemps suivant.

Installés au commencement de l'année, il est bien rare qu'ils reproduisent l'année même. J'ai pourtant vu des perruches pondre aussitôt leur mise en volière, mais ce fait est rare et exceptionnel.

J'ai dit que les perruches installées en septembre auraient le temps de s'habituer à leur volière. Voici pourquoi :

Presque toujours, les oiseaux nouvellement

arrivés ne savent où se percher pendant les premières nuits, et s'accrochent pour dormir, par le bec et les pattes, au grillage de leur volière.

Ceci en septembre a peu d'inconvénients, vu la douceur de la température ; mais en hiver, il serait dangereux pour des oiseaux habitués chez les marchands à passer la nuit bien enfermés, d'être exposés au vent, au froid ou à la pluie.

Il leur faut donc quelque temps pour choisir, sous l'abri de la volière, un endroit convenable pour se percher la nuit et qu'ils ne quitteront plus désormais.

Il est un excellent moyen pour les habituer à passer les nuits sous l'abri complet, c'est de les y laisser enfermés pendant une huitaine de jours, et d'y mettre leur nourriture.

Au bout de ce temps, on peut leur en ouvrir la porte, avec la certitude qu'ils y rentreront la nuit.

EMBALLAGE.

L'emballage des grosses perruches se fait dans une boîte (pour une paire) de 35 centimètres de longueur sur 35 centimètres de largeur et 25 centimètres de hauteur.

La moitié supérieure de la devanture est grillagée et recouverte d'une toile d'emballage, pour dérober les oiseaux aux regards des curieux, et les empêcher d'être effrayés par une cause ou par une autre.

La graine pour nourriture est jetée au fond de la boîte, et l'on assujettit solidement dans l'un des angles un petit vase contenant une éponge bien imbibée d'eau.

Un perchoir peut être fixé dans cette boîte.

Le mieux est de séparer les perruches pour le voyage, ou tout au moins de ne mettre qu'une paire par compartiment.

Bien emballées, comme je viens de le dire, elles peuvent voyager impunément pendant deux ou trois jours.

Pendant les grandes chaleurs et les grands froids, il faut s'abstenir de faire venir ou d'expédier des oiseaux.

Dans les grandes volières, la capture des perruches demande de grandes précautions, car elle est quelquefois cause de leur mort.

On voit, peu fréquemment il est vrai, des oiseaux effrayés, quand on veut les prendre, se frapper violemment le long des murs ou des grillages, et en mourir parfois subitement, comme frappés d'une congestion cérébrale.

DES SOINS A DONNER A L'ARRIVÉE

Il est aussi important d'opérer avec prudence le déballage.

Il ne faut pas forcer les perruches à sortir trop vite de leur boîte. Il vaut mieux laisser dans la volière la boîte ouverte ; alors elles en sortiront sans être effrayées et ne seront pas exposées à se blesser en volant sans se reconnaître.

Si l'on n'est pas sûr de la provenance des oiseaux achetés, il est prudent, à leur arrivée, de leur faire subir une quarantaine de quinze à vingt jours, avant de les installer dans les volières communes, et pour s'assurer qu'ils n'apportent avec eux aucun germe de maladies contagieuses.

Les nouveaux venus devront être soumis, pendant quelques jours, à un régime rafraîchissant.

Les dimensions des cages d'emballage peuvent être diminuées, en raison de la taille des oiseaux qu'elles doivent contenir.

NOURRITURE

Maintenant que les perruches sont installées dans leur logement, qu'on leur aura rendu aussi sain et aussi agréable que possible, il faut songer à leur nourriture.

C'est là le point essentiel de l'élevage.

Pendant longtemps, j'ai nourri mes perruches avec les graines sèches et un peu de verdure; j'en avais parfois de malades, et j'en perdais aussi.

Enfin, grâce aux savantes consultations données dans l'*Acclimatation,* par les docteurs Mégnin et Joannès, sur les maladies des perruches et surtout sur les causes qui les provoquaient, j'ai vu que cette nourriture n'était pas suffisante pour remplacer les fruits et les baies de toutes sortes qui constituent leur nourriture dans leur pays natal.

J'ai traité différemment mes oiseaux, et je puis certifier qu'à partir de ce moment je n'en ai pas perdu un seul de maladie, et n'en ai même pas vu de malades.

Comme nourriture sèche, il faut donner aux perruches un mélange d'alpiste, millet et froment, auquel on ajoute de temps en temps, pour varier, soit un peu de maïs ou d'avoine ou de gruau ou même de sarrazin, et du millet en épi.

Le froment, maïs et avoine servis en lait dans

l'épi sont dévorés avec avidité, et constituent une excellente nourriture.

On ne devra jamais donner de chènevis.

Jusqu'ici, ce n'est que l'indispensable; mais si l'on veut avoir des oiseaux toujours bien portants, dont le plumage sera frais et éclatant, et éviter surtout ces congestions si fréquentes et presque toujours cause de leur mort, il faut ajouter à leur nourriture ce que je vais dire :

Tous les matins, on devra leur servir dans un petit auget en porcelaine, plus facile à nettoyer que le zinc, un morceau de pain rassis (pour une paire de Platycerques, de la grosseur d'un petit œuf de poule) sur lequel on aura versé du lait bouillant. S'il reste un peu de lait au fond de l'auget, les perruches le boiront avec plaisir. Ce pain au lait sera remplacé avantageusement de temps à autre par du riz cuit (la même quantité).

Indépendamment de salades et de choux tout venus, qui devront être plantés dans la partie grillagée de la volière et qui seront remplacés quand il en sera besoin, il faudra donner, tous les jours, des fruits bien mûrs et variés selon la saison : fraises, cerises, prunes, poires, pommes, groseilles, figues, raisins, framboises, noix, noisettes, marrons, carottes. Les fruits frais peuvent être remplacés de temps à autre et avec avantage par des baies de sureau, sorbier, genevrier, thuya, et même par des figues sèches et des pruneaux, ou bien encore par du seneçon et des graines de gazon et de graminées.

Je conseille aux personnes qui n'auraient pas toujours des fruits frais à leur disposition, de mettre dans l'eau de boisson, de temps à autre, une petite prise, par litre d'eau, de bi-carbonate de soude.

Les Psephotus et les Euphèmes ne mangent pas de fruits, mais sont avides de graines fraîches de graminées, de laitue, seneçon, pissenlit en boutons, etc.

Lorsqu'il y a des jeunes, il n'y a aucune nourriture particulière à donner. Seulement, il est bon d'ajouter aux graines sèches un peu de chènevis, une petite cuillerée à café par oiseau. Quand les jeunes seront sortis du nid, on devra le supprimer peu à peu.

Pour provoquer les accouplements, on peut en donner aux adultes, de même qu'un peu de jaune d'œuf, mais le chènevis sera toujours servi avec modération.

Les variétés de perruches qui se reproduisent le plus sûrement sont :

Les perruches Ondulées,
— Calopsittes,
— à croupion rouge,
— Edwards,
— de la Nouvelle-Zélande,
— Omnicolores,
— Souris,
— Palliceps,
— à tête grise de Madagascar.

Les autres offrent moins de chances de réussite.

Je vais donner, autant que je le pourrai, les détails les plus complets sur les mœurs de celles qui ont reproduit chez moi. J'indiquerai les espèces qui, n'ayant pas encore reproduit, me semblent donner des espérances.

Je les classerai par groupes, suivant leur taille, leurs formes, leurs mœurs et la nourriture qui leur convient.

V

EUPHÈMES

Perruche ondulée (Australie)

Melopsittacus undulatus

Tête et gorge jaunes. Bec jaunâtre, à la base une membrane bleue chez le mâle, grise chez la femelle. Tache bleue sur les joues, plusieurs petits points noirs en dessous. Nuque et dessus du cou d'un vert jaunâtre, finement zébré de noir. Plumage en dessus vert-jaune, marbré de noir, en dessous vert-pomme. Queue s'ouvrant en éventail, composée de plumes bleues et jaunes.

Les jeunes ont toutes les plumes de la tête d'un vert-jaune zébré de noir, et la teinte générale du plumage beaucoup plus terne. Les perruches Ondulées se trouvent bien d'un abri pendant les nuits d'hiver. Ce qu'il faut éviter surtout pour elles, c'est le froid humide. Celles qui passent les nuits dehors, quand le thermomètre descend à 15 degrés au-dessous de zéro, sont exposées à avoir les pattes gelées, ce qui ne les fait point mourir, mais la partie gelée tombe, et il est pénible de voir ces pauvres petits animaux avec des phalanges ou même une patte de moins.

Dans le Nord, pendant l'année 1879-1880, on en a trouvé, le matin, les pattes collées par la gelée à leur perchoir.

Cette perruche est arrivée à reproduire en captivité, mieux qu'aucun autre oiseau. La modicité de son prix en est la preuve. Elle ne s'arrêterait jamais, si on n'avait soin de lui enlever les nids.

Elle fait de trois à cinq jeunes par couvée.

Il est bien important d'en renouveler le sang de temps en temps, par l'introduction de sujets nouveaux, et même d'importés, s'il est possible ; car, au bout de trois ou quatre générations, il y a infécondité presque complète.

On a obtenu, dans le Nord, la perruche Ondulée bleue, ainsi que la jaune. Cela ne tiendrait-il point au climat? On élève une grande quantité de ces oiseaux dans le Midi, et je ne connais pas de fait semblable.

Ces deux nouvelles variétés sont-elles bien fixées? Il serait intéressant de savoir et d'essayer si des Ondulées bleues ou jaunes, introduites dans le Midi, se maintiendraient telles, ou si elles reviendraient, après quelques générations, au type primitif.

L'incubation dure vingt et un jours, et les jeunes gardent le nid de trente à trente-cinq jours, suivant la saison. Ils sont aptes à reproduire l'année suivante.

La fécondité de ces oiseaux est telle, que l'on voit souvent de nouveaux œufs pondus dans un nid où il reste encore des jeunes.

L'élevage de l'Ondulée réussit parfois dans une cage spéciale, ouverte seulement par-devant, et mesurant au moins, pour une paire, 1 mètre en tous sens. On place sous le toit de cette petite volière deux nids, un à chaque angle du fond. On devra l'exposer au levant et l'installer au dehors, au beau temps. On fera saillir la planche du dessus de manière à donner de l'ombre à l'intérieur.

On obtient ainsi des reproductions, mais elles ne valent pas celles des grandes volières.

Pour obtenir les meilleurs résultats sous le rapport de la reproduction, il faudra, à la fin d'octobre, séparer les mâles des femelles pour les remettre ensemble à la fin de janvier.

Il arrive quelquefois qu'une perruche ne peut pas pondre, ce qui se voit à sa mine; ses plumes sont hérissées, et elle se tient blottie dans quelque coin. Il est très facile de la soulager. On la prend à la main, et on lui expose les parties sexuelles à la vapeur d'eau bouillante, pour les enduire ensuite d'un peu d'huile d'amandes douces. On la place aussitôt dans une petite cage, dans un endroit où la température se maintiendra à 15 degrés au-dessus de zéro; peu après, l'œuf est pondu et la perruche peut être remise en volière.

L'apoplexie des perruches peut être guérie au début par un bain de pieds. L'oiseau malade doit être tenu deux fois par jour, et pendant deux ou trois minutes, les pattes dans de l'eau aussi chaude que la main peut la supporter.

Rien n'est plus agréable et en même temps plus salutaire aux perruches que de leur procurer, pendant les jours chauds et secs de l'été, les douceurs d'un bain artificiel; au moyen de longs tuyaux d'arrosage, je fais tomber, sur la partie grillagée des volières une petite pluie fine que mes oiseaux viennent recevoir, on peut dire, avec volupté.

PERRUCHE D'EDWARDS (Australie)

Euphema pulchella

Un peu plus grosse que la précédente. Verte en dessus. Front, joues et ailes bleues.

Epaulettes rouges. Ventre jaune d'or. Bec noir. La femelle a les joues vertes. Cette jolie perruche se reproduit aisément plusieurs fois par an. Les jeunes n'ont pas l'épaulette rouge. Quoiqu'elle semble assez rustique, plusieurs personnes en ont abandonné l'élevage, voyant périr successivement toutes celles qu'elles possédaient.

PERRUCHE AURORE (Australie)
Euphema aurantia

Elle est semblable à la perruche d'Edwards, mais elle a le ventre rouge. Je ne crois pas qu'elle se soit encore reproduite en France; mais en lui donnant une installation convenable et en la traitant comme la précédente, on réussirait certainement.

PERRUCHE DE BOURKE (Australie)
Euphema Bourkii

A beaucoup d'analogie avec les Psephotus. Dessus du corps brun et jaune. Dessous rose et rouge. Bec noir. Ailes et queue bleues et brunes. Tête bleue. Rare, mais très recherchée. Se reproduira, placée dans des conditions convenables. La femelle, qui n'a pas de bleu à la tête, a les couleurs beaucoup plus sombres.

—

PSITTACULES

Perruche inséparable (Moluques)

Agapornis pullaria

Verte. Devant de la tête et bec rouges. Queue courte, barrée de noir. Elle est frileuse et ne reproduit pas en captivité. Je n'en aurais pas parlé, si je n'avais vu certaines personnes la confondre avec l'Ondulée.

Perruche a tête grise (Madagascar)

Polyopsitta cana

Charmante petite perruche verte, avec la tête, le cou et la poitrine blancs chez le mâle, et d'un gris verdâtre chez la femelle. Elle s'est reproduite ; mais elle est délicate, et redoute le froid.

Perruche moineau ou a croupion bleu

Psittacula passerina

Je connais un cas de reproduction seulement; elle est semblable comme taille et conformation à l'Inséparable; elle est verte avec le croupion bleu. Elle ne vivrait pas l'hiver au grand air.

—

LATHAMES

Perruche discolore

Lathamus discolor

Un peu plus forte que l'Edwards, très rustique ; ne s'est pas encore reproduite, mais j'espère ne pas tarder à avoir des jeunes. Vert émeraude foncé, gorge, tour du bec, épaulettes, tectrices subcaudales d'un rouge très foncé chez le mâle, et plus pâle chez la femelle. Joues jaunes, queue d'un rouge brun.

—

CALOPSITTE

Perruche calopsitte (Australie)

Nymphicus Novæ-Hollandiæ

Plumage gris, presque noir chez le mâle. Ailes bordées de blanc. Queue en dessous jaune pâle rayé de noir, huppe grise, tête jaune, tache rouge près de l'oreille. La femelle qui a la tête grise a la tache rouge près de l'oreille moins apparente. Ces perruches très rustiques reproduisent parfaitement plusieurs fois par an. Elles se nourrissent comme les Ondulées, avec lesquelles elles peuvent vivre en bonne intelligence sans se gêner en rien au moment des reproductions.

Il est bon de leur donner des touffes d'herbes avec la racine ; elles en sont très friandes.

—

PSEPHOTUS

Perruche a croupion rouge (Australie)

Psephotus hœmatonotus

Cette perruche, désignée aussi sous le nom de Redrumps, est très jolie, et récompense toujours l'éleveur des soins qui lui sont donnés. Elle fait plusieurs couvées par an et commence une des premières, notre climat lui convient. Le mâle a la tête et le cou d'un vert clair brillant, le dos d'un vert plus foncé, le croupion rouge et le ventre jaune. Longue queue verte et bleue, bec noir. La femelle a le dos verdâtre et tout le reste du plumage gris.

La modicité de son prix la met à la portée de tout le monde.

Perruche a ventre rouge (Australie)

Psephotus hœmatogaster

Désignée aussi sous le nom de perruche Bonnet bleu ; d'un prix très élevé, vu, je pense, sa rareté, car elle n'est pas plus jolie que sa congénère à Croupion rouge, dont elle ne diffère guère que par son ventre qui est rouge. Elle est très robuste et reproduirait aussi bien. Devant de la tête bleu. Nuque, cou et dos d'un brun olivâtre. Ailes bleues, rouges et brunes. Queue brune et bleue. Ventre d'un rouge vif chez le mâle. La femelle n'a pas les couleurs brillantes du mâle; la généralité de son plumage est de cette nuance gris-verdâtre qui caractérise la livrée des femelles chez les Psephotus.

PERRUCHE MULTICOLORE (Australie)

Psephotus multicolor

Plumage vert, au-dessus du bec un bandeau jaune, ventre rouge; ailes vertes, bleues et jaunes; queue verte et bleue, bec noir. La femelle grise olivâtre n'a, pour ainsi dire, pas de rouge. Cette perruche est une des plus rares et pourtant des plus jolies, elle est délicate comme la suivante. On m'a dit qu'elle s'était reproduite.

PERRUCHE DE PARADIS (Australie)

Psephotus pulcherrimus

De plus petite taille que les précédentes. Délicate; nous arrive souvent en mauvais état, réclame de grandes précautions la première année de son importation; je ne sais si elle a reproduit en captivité. Bec blanc, front rouge, gorge verte, poitrine bleue, ventre rouge, tête noire en dessus, bleue sur les côtés, dos brun, ailes noires et rouges. La femelle, aux couleurs bien moins vives, a le dessus de la tête brun; son ventre jaunâtre est tacheté de rouge. Là où le mâle est franchement rouge, elle n'a que de petites taches de cette nuance. Je n'ai jamais pu me procurer de perruches de Paradis en bon état; je le regrette, car elle peut reproduire aussi bien que la perruche à Croupion rouge; une fois acclimatée, elle n'exige pas plus de soins.

—

CONURUS

Perruche souris (Afrique)

Murinus

Verte avec la tête, le cou et la poitrine d'un gris blanchâtre; très productive et très rustique, emplit son nid de tout ce qu'elle peut trouver. Pendant l'incubation, le mâle reste tout le temps dans le nid avec la femelle, il n'en sort que pour prendre sa nourriture. Il est très difficile de distinguer les sexes. Les jeunes ont tout le plumage des parents.

Perruche nanday (Paraguay)

Nandayus melanocephalus

Verte, tête noire et cuisses rouges. Le mâle a le bec plus allongé que la femelle. Très robuste. Je ne sais si elles se sont reproduites en France, mais elles ne doivent pas tarder, car le mâle s'accouple souvent avec sa femelle, et elles ont l'air de se bien trouver de notre climat.

Perruche de la Caroline (Amérique du Nord)

Conurus Carolinensis

Verte, tête et cou d'un jaune orangé ; tour des yeux et front rouges, épaulettes jaunes, bec blanc ; très rustique, s'accouple fréquemment, a pondu; sans résultats. En observant bien attentivement deux oiseaux de sexes différents, on verra que chez la femelle le jaune de la tête est un peu moins étendu et plus pâle. La femelle a également, à l'extrémité du bec, une petite tache blanche peu apparente.

Perruche de Lucien (Brésil)

Conurus Luciani

Sans être aussi rustique que les précédentes,

cette perruche est assez robuste. Mais on fera bien de ne pas la laisser exposée au froid, la première année de son importation. Fréquents accouplements, mais pas de ponte; ce qui est fâcheux, car elle est charmante. Le mâle a la tête grise et les oreilles blanches, joues, ventre, croupion et épaulettes rouges, le devant du cou blanc, zébré de noir, queue rouge. La femelle a les couleurs bien plus sombres que le mâle.

Perruche versicolore (Brésil)

Conurus versicolor

Nuque et front bleus, gorge marron et jaune; tout ce qui est rouge chez la précédente est marron chez elle. Les mœurs de ces deux variétés sont absolument identiques.

Perruche jendaya (Brésil)

Conurus jendaya

Bec noir, tête, cou et joues jaunes, œil entouré de rouge, ventre et croupion rouges, ailes et dos verts, queue verte et bleue. Le rouge, chez la femelle, est moins étendu et teinté de jaune. Assez rustique après une ou deux années d'acclimatation.

PERRUCHE SOLEIL (Para)

Conurus solsticialis

Bec grisâtre. Tête, cou, épaulettes, dos et croupion jaunes. Ventre teinté de rouge. Queue bleue et jaune.

PERRUCHE BOUTON D'OR (Brésil)

Conurus aureus

Bec noir. Plumage vert. Sur la tête, une marque jaune d'or entourée de bleu.

Ces deux variétés réclament des précautions, pendant les premiers hivers.

—

POLYTÉLIS

PERRUCHE DE BARRABAND (Australie)

Polytelis barrabandii

Le mâle est vert-pré avec le bec rose. Tête et gorge jaunes. Large collier rouge à la poitrine. La femelle est entièrement verte et a les cuisses rouges. Cette espèce, un peu délicate, doit être mise à l'abri pendant les grands froids.

Malgré les accouplements, on n'a obtenu aucun résultat; mais il ne faut pas en désespérer, car je crois cette espèce apte à reproduire.

Perruche mélanure (Australie)

Polytelis melanura

Très rustique. On m'a cité un cas de reproduction. Bec rouge. La tête et les parties inférieures, qui sont jaunes chez le mâle, prennent chez la femelle une teinte verdâtre. Ailes jaunes, vertes et rouges. Queue noire, teintée de rose en dessous chez la femelle, distinction qui la fait reconnaître des jeunes mâles.

Perruche ara pavouane (Guyane)

Cette perruche, devenue rare, reproduit bien, et est très robuste. Elle est toute verte et a les joues rouges, et les ailes en dessous rouges et jaunes. Les jeunes n'ont pas de rouge.

—

TRICHOGLOSSE

Perruche de swainson (Australie)

Une des plus belles variétés, et très robuste; se reproduit plusieurs fois par an. Chez les deux sexes, bec rouge, plumage vert-brillant en dessus. Poitrine rouge. Ventre bleu-violet. Tête bleue et collier vert-pâle sur le cou. Ailes rouges en dessous. La membrane du dessus du bec est, chez le mâle, d'une nuance plus foncée que chez la femelle.

—

CONCINNUS

Perruche de la Nouvelle-Zélande

Concinnus Novæ-Zelandiæ

Perruche rustique par excellence, meublant très bien une volière. Elle est un peu sombre de nuances, mais très agréable par sa vivacité. Le mâle et la femelle sont tous les deux verts et ont la tête rouge sur le devant; au bec, une tache blanche beaucoup plus étendue chez le mâle que chez la femelle. Ces perruches commencent les premières à reproduire, et souvent dès les premiers jours de janvier. Elles nichent dans des bûches creuses, garnies de sciure de bois, ou dans des boîtes qu'elles emplissent de plumes et de petits éclats de bois très minces. Il ne faut rien déranger à leur nid, qu'elles abandonneraient facilement. Elles reproduisent toute l'année. Les couvées se composent généralement de cinq à six œufs, et les jeunes sortent absolument semblables aux parents. Ils reproduisent l'année suivante. Ces perruches sont très recherchées, mais deviennent de plus en plus rares.

Perruche auriceps (Australie)

Concinnus auriceps

Elle a beaucoup d'analogie avec la précédente, mais elle est un peu plus petite ; le dessus de la tête chez elle est jaune ; elle est délicate et n'a pas reproduit. Mais je dois dire que je ne l'ai possédée que pendant peu de temps.

—

PLATYCERQUES

Perruche omnicolore (Australie)

Platycercus eximius

Tête, cou et poitrine d'un rouge vif qui, chez certains sujets, va en s'allongeant jusqu'aux tectrices subcaudales. Joues blanches, nuque et ventre jaunes, plumes noires du dessus du corps frangées de jaune. La femelle a beaucoup moins de rouge au ventre ; toutes ses nuances sont plus ternes ; sa tête est plus petite, de même que son bec ; les côtés de la mandibule supérieure ne sont pas échancrés, comme chez le mâle.

Les éleveurs devront noter, avec soin, cette particularité du bec qui leur fera distinguer infailliblement les sexes chez tous les platycerques, aussi bien jeunes qu'adultes.

La perruche Omnicolore est peut-être de toutes celles introduites la plus rustique. Sa couvée, il n'y en a qu'une par an, est la plupart du temps composée de trois œufs. Vingt et un jours d'incubation et trente à trente-cinq de séjour au nid ; les jeunes sortent avec les nuances plus sombres et les plumes noires du dos frangées de vert. Ils reproduisent l'année suivante.

Presque tous les perruchons sont très sauvages, à la sortie du nid. On devra donc, pendant quelques jours, prendre des précautions pour entrer dans leur volière.

Perruche palliceps (Australie)

Platicercus palliceps

Bec blanchâtre. Tête jaune. Joues blanches. Parties supérieures ornées de plumes noires bordées de jaune. Parties inférieures d'un bleu de glycine foncé chez le mâle et pâle chez la femelle, qui a la tête plus petite et plus aplatie. Tectrices subcaudales rouges. Ces oiseaux, d'une rusticité égale à celle de l'Omnicolore, font plusieurs couvées par an, de trois à cinq œufs chacune. Les jeunes, de nuances plus pâles que les adultes, ont la tête parsemée de quelques points rouges. Ils reproduisent la seconde année.

PERRUCHE A VENTRE JAUNE (Tasmanie)

Platycercus flavigaster

Quoique d'un prix assez élevé, elle est loin d'avoir les couleurs brillantes qui distinguent tous les platycerques. Elle est rustique, mais n'a pas encore reproduit; il est vrai qu'elle est peu répandue, peut-être à cause du peu d'éclat de son plumage. Elle m'inspire beaucoup de confiance. Dessus de la tête, côtés du cou et parties inférieures d'un jaune d'ocre parsemé de points rouges chez le mâle. Plumes des parties supérieures brunes frangées de vert. Front rouge, moustaches bleues, bec blanc. La femelle, plus petite que le mâle, a le ventre jaune-verdâtre.

PERRUCHE BULLA-BULLA (Australie)

Platycercus semitorquatus

Bec blanc. Front rouge. Joues bleues. Tête noire. Sur la nuque, un demi-collier jaune. Plumes du dessus du corps vertes et du dessous vertes également, mais d'une nuance plus claire. La femelle, de nuances plus sombres, est plus petite que le mâle. Cette perruche est robuste et s'est déjà reproduite.

PERRUCHE DE BAUER (Australie)

Platycercus zonarius

Plus petite que la précédente. Rustique. Bec blanc. Tête noire. Joues bleues. Demi-collier jaune sur le cou. Verte en dessus. Ventre jaune. La femelle, plus petite que le mâle, a la tête moins grosse et plus aplatie; elle n'en diffère pas par le plumage. Installée convenablement, cette perruche doit reproduire. Je ne connais pas de cas de reproduction.

PERRUCHE DE BARNARD (Australie)

Platycercus typicus

Peut-être moins robuste que la perruche de Baüer. Bec blanc, front rouge, tête verte, occiput marron, demi-collier jaune en arrière. Dos noir. Ailes nuancées de bleu, de jaune et de vert. Queue verte et bleue. Dessous du corps vert-clair. Sur le ventre, une bande jaune intense. La femelle est de nuances plus pâles, elle est aussi de taille inférieure.

PERRUCHE DE PENNANT (Australie)

Platycercus pennantii

La plus belle espèce que nous ayons dans nos volières. Très rustique. Bec blanc plombé.

Moustaches bleues. Plumage rouge intense. Les plumes du dos sont noires et bordées de rouge. Ailes noires et bleues. Queue d'un bleu foncé en dessus et clair en dessous. La femelle a la tête plus petite, la nuance rouge est chez elle plus pâle. Chez quelques-unes, les rectrices ont en dessus une teinte verdâtre. Il reste même quelques plumes vertes dans l'ensemble du plumage. Du reste, on la distinguera toujours de son mâle, en examinant attentivement le bec. Cette perruche ne fait qu'une couvée de quatre à cinq œufs par an. Les jeunes sortent du nid à un mois. L'ensemble de leur plumage est vert, le bec blanc; le front et le dessus de la tête sont rouges, ainsi que la gorge et une partie de la poitrine. Moustaches bleues. Ventre vert, semé de taches rouges, tectrices subcaudales rouges. Queue d'un vert-cuivré par dessus et bleu-clair en dessous. Plumes des couvertures des ailes noires, bordées de vert. Ils prennent leurs couleurs définitives pendant la seconde année, époque à laquelle ils sont aptes à reproduire.

Perruche adélaide (Australie)

Platycercus Adelaïdæ

Ressemble énormément à la précédente, mais

l'ensemble du plumage est beaucoup plus terne; le rouge est, chez elle, bien plus pâle que chez la Pennant. La femelle de cette variété a du jaune disséminé dans le plumage ; de plus, les plumes noires de son dos sont frangées de jaune. Je ne connais pas de reproduction.

PERRUCHE FLAVEOLUS (Australie)

Platycercus flaveolus

Front rouge, moustaches bleues. Tête, cou, ventre et croupion jaunes. Plumes du dos noires frangées de jaune. Toutes les parties jaunes du mâle sont olives chez la femelle.

PERRUCHE DE STANLEY (Australie)

Platycercus icterotis

De taille bien inférieure à celle des précédentes. Cette jolie perruche est rare et d'un prix élevé. Je n'ai pas entendu dire qu'elle se soit reproduite. Tête, cou et parties inférieures rouges. Joues jaunes. Dos vert, queue verte et bleue.

—

APROSMICTUS

PERRUCHE A SCAPULAIRES OU LORI ROYAL (Australie)

Aprosmictus scapulatus

Le mâle a la tête, le cou et les parties

inférieures d'un beau rouge, sur le cou un collier bleu peu apparent, les parties supérieures d'un vert émeraude. Les scapulaires d'un vert très clair. Dos et croupion bleus. Tectrices subcaudales brunes et vertes frangées de rouge, queue noire. Le bec rouge est bordé de noir.

La femelle a le bec noir, la gorge et la poitrine d'un gris verdâtre teinté de rose, la tête et la nuque vertes et le dos bleu. La queue verte en dessus et noire en dessous; les tectrices subcaudales sont vertes, frangées de rouge.

Ces perruches sont très rustiques. Elles ont reproduit chez moi en 1880, et c'était, je crois, le premier cas de reproduction. Elles font deux ou trois couvées par an, de trois à quatre œufs en moyenne. Les jeunes restent quarante jours au nid, et en sortent semblables à la femelle, mais de taille inférieure. Les sexes se reconnaissent de suite, le jeune mâle ayant les tectrices noires marquées en dessous d'une petite tache rose. Ils ne prennent leurs couleurs définitives qu'à la troisième année. C'est alors qu'ils sont aptes à reproduire.

Perruche erythroptère (Australie)

Aprosmictus erythropterus

Bec rose, plumage en partie vert émeraude.

Dos noir. Scapulaires rouges. Croupion bleu. La femelle a peu de rouge aux ailes. Le vert de son plumage est plus sombre. Cette perruche est un peu plus petite que la précédente, sa queue est moins longue. Ses formes sont plus lourdes et se rapprochent un peu de celles des perroquets. Elle est très rare et pourtant très rustique. Elle n'a pas encore reproduit, que je sache.

Je viens d'énumérer les espèces les plus répandues, et que l'on trouve le plus facilement dans le commerce. Je ne saurais trop recommander aux éleveurs, lorsqu'ils font leurs achats, de donner avec le nom usuel le nom scientifique, et la description bien exacte du plumage des oiseaux qu'ils désirent. Il y a souvent confusion, surtout pour les perruches de Barnard, de Baüer et Bulla-Bulla. Ces trois variétés, cependant faciles à distinguer entre elles, sont souvent prises l'une pour l'autre.

Il y a, dans la famille des cacatois, trois variétés qui donnent des espérances, qui se trouveraient bien d'une installation identique celle des perruches australiennes, et qui, j'en suis persuadé, ne seraient pas longtemps à reproduire :

Ce sont les cacatois Rosalbins, Nasiques et de Leadbeater.

Les nids qui seraient mis à leur disposition devraient avoir les dimensions indiquées pour les plus grosses perruches.

On trouvera plus loin la description de ces trois variétés ; car, en terminant, je veux donner quelques conseils aux personnes qui aiment à posséder les perroquets, aras et cacatois. J'indiquerai les meilleures espèces, leurs mœurs, les différences qui les caractérisent, et les moyens de reconnaître l'âge chez les oiseaux que l'on veut acheter.

PERROQUETS, ARAS, CACATOIS.

Les perroquets, aras et cacatois sont, en général, des oiseaux très robustes et très faciles à conserver en bonne santé. Il est prudent de tenir ceux qui sont nouvellement importés, dans un appartement chauffé pendant l'hiver. Au bout d'une année, ils sont acclimatés, et il suffit de les préserver de l'humidité et des courants d'air. Leur chambre n'a pas besoin d'être chauffée l'hiver, si le thermomètre n'y descend pas au-dessous de cinq degrés au-dessus de zéro. Il vaut mieux pour eux avoir à souffrir un peu du froid, pourvu que ce ne soit pas de longue durée, que de respirer toute une saison les émanations d'un feu presque toujours au charbon de terre. L'appartement dans lequel on les tient doit être bien éclairé, bien exposé, et disposé de manière à pouvoir être facilement aéré. Pendant les nuits de fortes gelées, on recouvrira de paillassons les vitrages de leur logement.

A moins que le temps ne soit trop mauvais, il est de première nécessité de leur faire prendre de l'air, de les mettre dehors s'il est possible, pendant une ou deux heures.

Dans la belle saison, ils doivent être sortis au moins pendant la moitié du jour : par exemple, trois heures le matin et autant le soir. Dans le milieu du jour, pendant la chaleur, ils se trouveront beaucoup mieux rentrés à l'ombre.

L'essentiel est de ne pas les faire passer brusquement d'une température à une autre.

Pour tous, la nourriture la meilleure est le chènevis accompagné de maïs cru ou cuit et de froment.

Ils doivent avoir, tous les jours, du pain trempé de lait, que l'on remplacera de temps en temps par du riz cuit. Les fruits bien mûrs leur sont indispensables ; ils sont aussi friands de toutes les baies dont j'ai parlé pour les perruches.

Ces oiseaux aux brillantes couleurs sont, pour la plupart, très intelligents et reconnaissants des soins qui leur sont donnés. Ils prennent souvent une personne en affection, tandis que, pour d'autres, ils sont moins sociables et même méchants. Cependant, ceux qui sont l'objet de soins particuliers, et qui sont naturellement doux, sont généralement convenables pour tout le monde.

Quand deux perroquets sont tenus dans la même cage, il n'est pas rare de voir l'un des deux, et quelquefois tous les deux, devenir méchants. Certains parlent avec une facilité étonnante.

Ils doivent tous être renfermés la nuit dans des cages assez spacieuses pour qu'ils ne salissent pas leur joli plumage, et être mis le jour sur des perchoirs. Il faut avoir soin de leur couper quelques plumes à une aile ; je dis quelques-unes, parce que, si on leur en coupait trop à la fois, ils ne pourraient plus voler et se blesseraient en tombant à terre. Il suffit de les empêcher de s'en aller au loin, tout en leur laissant la faculté de voler un peu.

Tous n'aiment pas à être exposés trop longtemps aux rayons du soleil ; tout au plus doit-on les en laisser jouir un peu le matin.

Ils doivent avoir constamment à leur disposition un vase de dimensions convenables pour qu'ils puissent s'y baigner ; car les bains leur plaisent beaucoup, et surtout leur sont nécessaires.

Les plus beaux de tous sont assurément les áras.

Quatre variétés nous arrivent fréquemment.

ARAS

Ara bleu et jaune (Brésil)

Macrocercus ara rauna

Bec noir. Figure blanche. Dessus de la tète vert. Collier noir. Dos et ailes bleus. Dessous du corps jaune d'ocre.

Ara rouge (Brésil)

Macrocercus ara canga

Bec blanc en dessus, noir en dessous. Tête, cou, poitrine et ventre rouges. Ailes rouges, jaunes et bleues. Croupion bleu. Queue rouge. Ses belles nuances s'altèrent un peu sous notre climat.

Ara macao (Brésil)

Macrocercus chloropterus

Il se distingue du précédent, auquel il ressemble beaucoup, par la peau nue de ses joues, sur laquelle se trouve un duvet rouge.

Ara vert (Mexique)

Sittace militaris

Bec noir, au-dessus un bandeau rouge. Plumage vert. Queue bleue et rouge brique.

Tous les aras doivent être tenus avec une grande propreté, leurs excréments répandant beaucoup d'odeur.

Ces quatre variétés prononcent quelques mots, mais peu distinctement.

CACATOIS

Cacatois a huppe rouge (Moluques)

Cacatua erythrolophus

Superbe oiseau, le plus intelligent de tous les perroquets. Il n'aime pas à être enchaîné ou retenu en captivité dans une cage ; il a besoin de toute sa liberté ; du reste il n'en abuse jamais.

Bec noir ; huppe rouge en dessous, qui ne paraît que quand l'oiseau la relève ; plumage blanc en dessus et rose saumon en dessous.

Cacatois a huppe blanche (Moluques)

Cacatua leucolophus

Entièrement blanc. Sa huppe blanche est disposée comme celle du précédent.

Cacatois a huppe jaune (Philippines)

Cacatua Philippinorum

Blanc, avec la huppe jaune et toujours apparente. Il est très doux et très docile. Il s'est reproduit en captivité.

Ces trois variétés de cacatois sont susceptibles de parler.

Les trois autres variétés qui suivent ne disent rien, mais peuvent reproduire.

Cacatois rosalbin (Australie)

Eolophus roseus

Le mâle a l'œil noir, la femelle l'a rouge. Bec blanchâtre, tête en dessus rose pâle, les parties inférieures d'un rouge groseille. Huppe peu apparente, dos gris.

Il est, ainsi que les suivants, plus petit que ceux qui précèdent. Il a déjà pondu.

Cacatois nasique (Australie)

Licmetis tenuirostris.

Il a le bec allongé et peu recourbé. Tour des yeux rouge. Plumage blanc et bande rouge sur la poitrine.

Cacatois de Leadbeater

Bec corné blanc. Huppe rouge, jaune et blanche; dessus du corps blanc, le dessous rose.

PERROQUETS

Proprements dits

Amazone a tête jaune (Mexique)

Chrysotis ochrocephala

Bec blanc, tête et cou jaunes, épaulettes rouges.

C'est de tous les perroquets celui qui parle le plus facilement et le plus distinctement.

AMAZONE A TÊTE JAUNE (Brésil)

Chrysotis ochroptera

Semblable au précédent, de taille un peu plus petite. Il s'en distingue par ses épaulettes jaunes mêlées d'un peu de rouge.

AMAZONE A TÊTE BLANCHE (Brésil)

Chrysotis leucocephala

Bec blanc, plumage vert, devant de la tête blanc, le dessus est bleu chez le mâle et vert chez la femelle ; joues, cou et poitrine rouges ; quelques taches rouges à l'abdomen. Excellente espèce, mais rare.

AMAZONE A TÊTE BLEUE (Brésil)

Chrysotis amazonica

Bec noir, dessus de la tête bleu, joues et une partie du cou jaunes, plumage vert, un peu de rouge aux ailes.

On rencontre, dans cette variété, de bons sujets.

AMAZONE MEUNIER (Brésil)

Plumage vert et comme saupoudré de farine, sur la tête une tache jaune chez le mâle, bec blanc.

PERROQUET TAVOUA (Guyane)

Bec noir, tête bleue en dessus, petit bandeau rouge sur le bec, dos et croupion rouges.

PERROQUET GRIS (Afrique)

Psittacus erythacus

Bec noir. Tour des yeux blanc. Plumage gris. Queue rouge. Excellente espèce pour parler, la meilleure après l'Amazone à épaulettes rouges.

Ces sept variétés de perroquets sont celles qui apprennent le plus facilement à parler.

C'est à l'œil que l'âge se reconnaît le plus sûrement chez les perroquets.

Les jeunes Gris ont l'œil presque noir. A mesure qu'ils deviennent adultes, cette nuance passe au gris.

Chez les jeunes Amazones, l'œil est brun foncé tout d'abord, pour devenir ensuite jaune et passer au rouge.

L'âge se reconnaît aussi aux pattes qui, chez les jeunes perroquets, sont plus douces au toucher.

Les perroquets qui nous arrivent en France sont rarement apprivoisés ; beaucoup ne sont encore pas habitués à manger du grain et même à manger seuls. On devra les nourrir de pain et de lait, de riz cuit et de fruits, et arriver peu à peu à leur faire accepter le chènevis et le maïs. Il faut prendre garde de les effaroucher, leur offrir avec la main quelque friandise, quand on en approche, et surtout ne pas les brusquer. si on avait à s'en plaindre. Ce n'est pas trop demander pour ces pauvres oiseaux qu'un peu d'attention de la part de leur maître ou de leur maîtresse, en compensation de la captivité à laquelle ils sont voués à tout jamais.

FIN.

TABLE DES MATIÈRES.

Fontenay-le-Comte. — Imprimerie Caurit.

www.ingramcontent.com/pod-product-compliance
Ingram Content Group UK Ltd.
Pitfield, Milton Keynes, MK11 3LW, UK
UKHW022134190726
13855UKWH00003B/1134